쓰고 그리고

톡톡
창의력
미로 찾기
플러스

4-7세

창의수학연구소 지음

한빛에듀

창의수학연구소는

창의수학연구소를 이끌고 있는 장동수 소장은 국내 최초의 창의력 교재인 [창의력 해법수학]과

영재교육의 새 지평을 연 천재교육 [로드맵 영재수학] 등 250여 권이 넘는 수학 교재를 집필했습니다.

창의수학연구소는 오늘도 우리 아이들이 어떻게 수학에 재미를 붙이고 창의력을 키워나갈 수 있게 할 것인지를 고민하며,

좋은 책과 더 나은 학습 환경을 만들기 위해 노력합니다.

쓰고 그리고 찾으면서 머리가 좋아지는

톡톡 창의력 미로 찾기 플러스 4-7세

초판 1쇄 발행 2017년 4월 5일
초판 8쇄 발행 2024년 12월 5일

지은이 창의수학연구소 **펴낸이** 김태헌
총괄 임규근 **책임편집** 전정아 **기획** 하민희 **진행** 오주현 **디자인** 천승훈
영업 문윤식, 신희용, 조유미 **마케팅** 신우섭, 손희정, 박수미, 송수현 **제작** 박성우, 김정우
펴낸곳 한빛에듀 **주소** 서울특별시 서대문구 연희로2길 62 한빛미디어(주) 실용출판부
전화 02-336-7129 **팩스** 02-325-6300
등록 2015년 11월 24일 제2015-000351호 **ISBN** 978-89-6848-360-8 64410

이 책에 대한 의견이나 오탈자 및 잘못된 내용은 출판사 홈페이지나 아래 이메일로 알려주십시오.
파본은 구매처에서 교환하실 수 있습니다. 책값은 뒤표지에 표시되어 있습니다.
한빛에듀 홈페이지 edu.hanbit.co.kr **이메일** edu@hanbit.co.kr

지금 하지 않으면 할 수 없는 일이 있습니다.
책으로 펴내고 싶은 아이디어나 원고를 메일(**writer@hanbit.co.kr**)로 보내주세요.
한빛미디어(주)는 여러분의 소중한 경험과 지식을 기다리고 있습니다.

사용연령 3세 이상 **제조국** 대한민국
사용상 주의사항 책종이가 날카로우니 베이지 않도록 주의하세요.

부모님, 이렇게 도와 주세요!

❶ 우리 아이, 창의력 활동이 처음이라면!

아이가 창의력 활동이 처음이더라도 우리 아이가 잘 할 수 있을까 하고 걱정할 필요는 없습니다. 중요한 것은 어느 나이에 시작하느냐가 아니라 아이가 재미있게 창의력 활동을 시작하는 것입니다. 따라서 아이가 흥미를 보인다면 어느 나이에 시작하든 상관없습니다.

❷ 큰소리로 읽고, 쓰고 그릴 수 있도록 해 주세요

큰소리로 읽다 보면 자신감이 생깁니다. 자신감이 생기면 쓰고 그리는 활동도 더욱 즐겁고 재미있습니다. 각각의 페이지에는 우리 아이에게 친근한 사물 그림과 이름도 함께 있습니다. 그냥 눈으로만 보고 넘어가지 말고 아이랑 함께 크게 읽어 보세요. 처음에는 부모님이 먼저 읽은 후 아이가 따라 읽게 합니다. 나중에는 아이가 먼저 읽게 한 후 부모님도 동의하듯 따라 읽어 주세요. 그러면 아이의 성취감은 더욱 높아지고 한글 쓰기 활동이 놀이처럼 재미있어집니다.

❸ 아이와 함께 이야기를 하며 풀어 주세요

이 책에는 여러 사물이 등장합니다. 아이가 각 글자를 익히면서 연관된 사물을 보고 이야기를 만들 수 있도록 해 주세요. 함께 보고 만져 보았거나 체험했던 사실을 바탕으로 얘기를 하면서 아이가 자연스럽게 사물과 낱말을 연결시켜 익힐 수 있습니다. 때에 따라서는 직접 해당 사물을 옆에 두고 함께 이야기를 하며 글자와 낱말을 생생하게 익힐 수 있도록 해 주세요.

❹ 아이의 생각을 존중해 주세요

아이가 한글 쓰기를 하면서 가끔은 전혀 예상하지 못했던 생각을 펼치거나 질문을 할 수도 있습니다. 그럴 때는 아이가 왜 그렇게 생각하는지 그 이유를 차근차근 물어보면서 아이의 생각이 맞다고 인정해 주세요. 부모님이 아이를 믿고 기다려 주는 만큼 아이의 생각과 창의력은 성큼 자랍니다.

이 책의
활용법!

❶ 정답은 여러 가지일 수 있습니다

미로 찾기 정답은 꼭 하나만 있는 것은 아닙니다. 아이가 다른 답을 찾았을 경우에도 아낌없이 칭찬해 주세요. 아이가 다양하게 생각하면서 응용력을 기를 수 있습니다.

❷ 아이의 생각을 존중해 주세요

아이가 문제를 풀면서 가끔 전혀 예상하지 못했던 주장이나 생각을 펼칠 수도 있습니다. 그럴 때는 왜 그렇게 생각하는지 그 이유를 차근차근 물어보면서 아이의 생각이 맞다고 인정해 주세요. 부모님이 믿고 기다려주는 만큼 아이의 논리력은 사고력과 함께 성큼 자랍니다.

❸ 아이와 함께 이야기를 하며 풀어 주세요

이 책에는 수많은 캐릭터들이 등장합니다. 아이들 스스로 캐릭터의 주인공이 되어 이야기를 만들면서 문제를 풀 수 있도록 부모님께서도 거들어 주세요. 아이가 미로 찾기에 흠뻑 빠져 놀다 보면 집중력과 상상력을 키울 수 있습니다.

❹ 의성어와 의태어를 이용하면 더 재미있습니다

영차영차, 뒤뚱뒤뚱, 팔락팔락, 부릉부릉, 폴짝폴짝 등과 같은 의성어나 의태어를 이용하면서 문제를 풀 수 있도록 해 주세요. 문제에 나오는 다양한 사물들의 특징을 보다 쉽게 이해하면서 언어 능력도 키울 수 있습니다.

참 잘했어요

창의력이 톡톡!

창의력이 성큼 자란 것을 축하하며
이 상장을 드립니다.

이름 ------------------------------------

날짜 _____ 년 _____ 월 _____ 일

아이가 책을 마치면, 칭찬과 함께 수여해 주세요.

미로 찾기 플러스

도토리를 주워요

멧돼지가 도토리를 먹으려고 해요.
도토리가 있는 곳까지 길을 알려 주세요.

도착

출발

8

달걀을 꺼내요

예쁘게 색칠한 달걀이 땅속에 있어요.
토끼가 달걀을 꺼낼 수 있게 길을 알려 주세요.

헨젤과 그레텔

헨젤과 그레텔이 과자로 만든 집에 가려고 해요.
안전하게 갈 수 있는 길을 찾아 주세요.

놀이공원

동물 친구들이 놀이공원에 가려고 해요.
오토바이를 타고 빠르게 갈 수 있도록 길을 찾아 주세요.

아이들과 어울리고 싶은 꽃게

꽃게는 아이들과 함께 놀고 싶어요.
아이들이 있는 곳으로 갈 수 있게 길을 찾아 주세요.

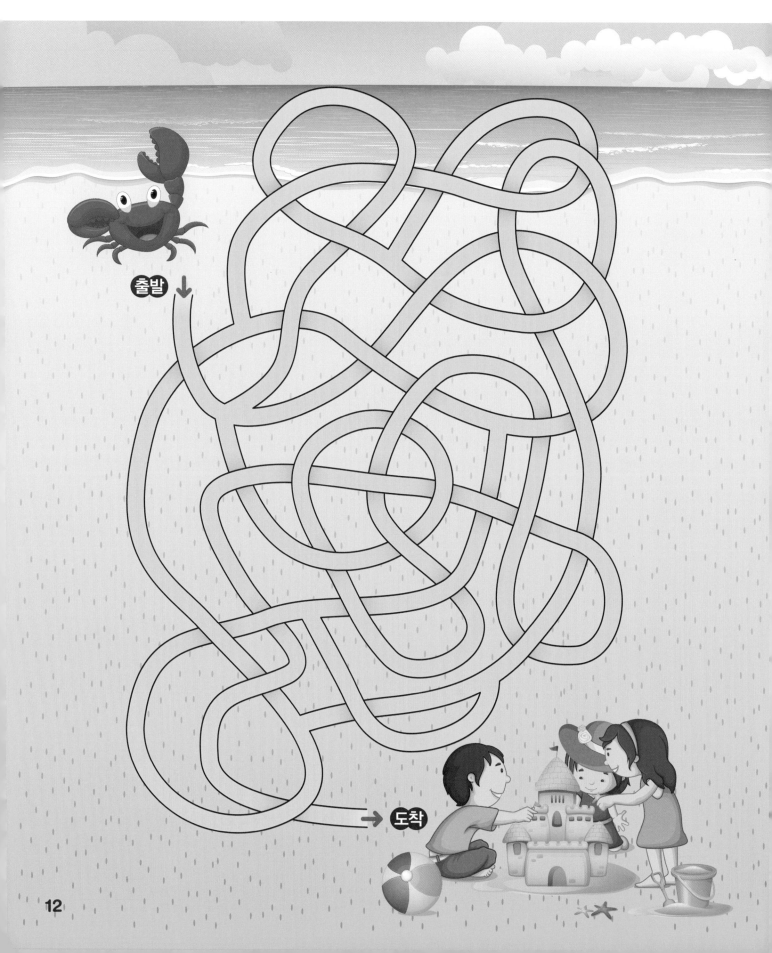

해변에서 하는 모래 놀이

친구와 모래 놀이를 하기로 약속했어요.
모래 놀이를 하는 친구를 만날 수 있게 길을 찾아 주세요.

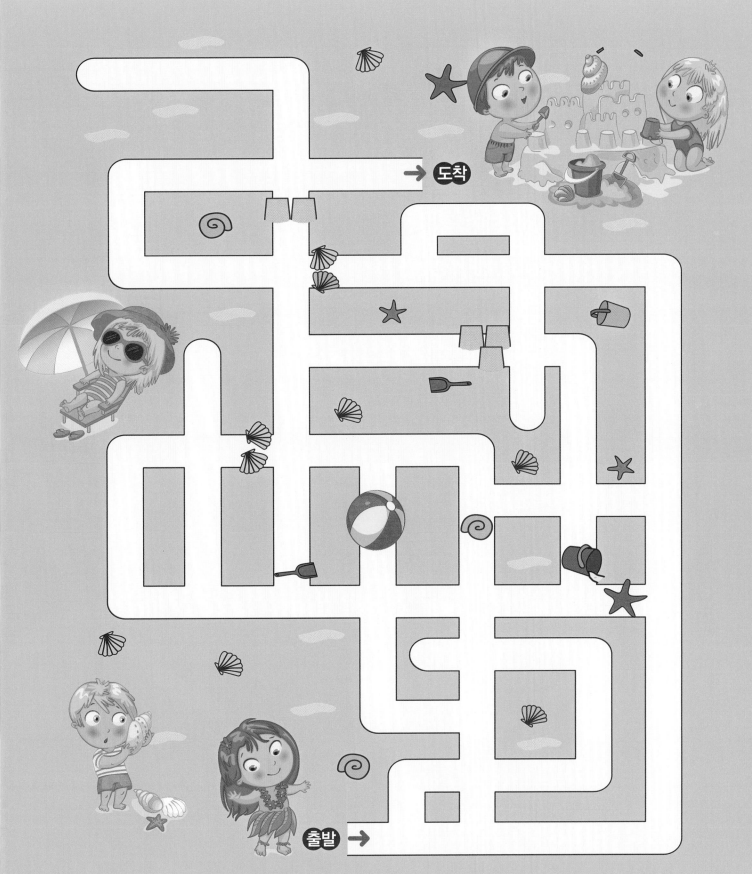

비행접시가 나타났어요

우주 레이더에 비행접시가 발견됐어요.
비행접시까지 갈 수 있게 길을 찾아 주세요.

우주선이 지구에 도착했어요

우주선이 지구에 착륙하려고 해요.
연료가 떨어지기 전에 착륙할 수 있도록 길을 찾아 주세요.

루돌프 얼굴에 미로가 생겼어요

돼지가 루돌프 얼굴에 미로를 그렸어요.
루돌프 얼굴에 있는 미로를 풀어 보세요.

곰돌이에 미로가 생겼어요

곰이 곰돌이 인형에 미로를 그렸어요.
곰돌이 인형에 있는 미로를 풀어 보세요.

불이 났어요

건물에 불이 나서 소방차가 출동했어요.
불이 난 곳까지 빨리 갈 수 있도록 길을 찾아 주세요.

학교에 가요

버스가 친구들을 태우고 학교로 가요.
학교까지 가는 길을 찾아 주세요.

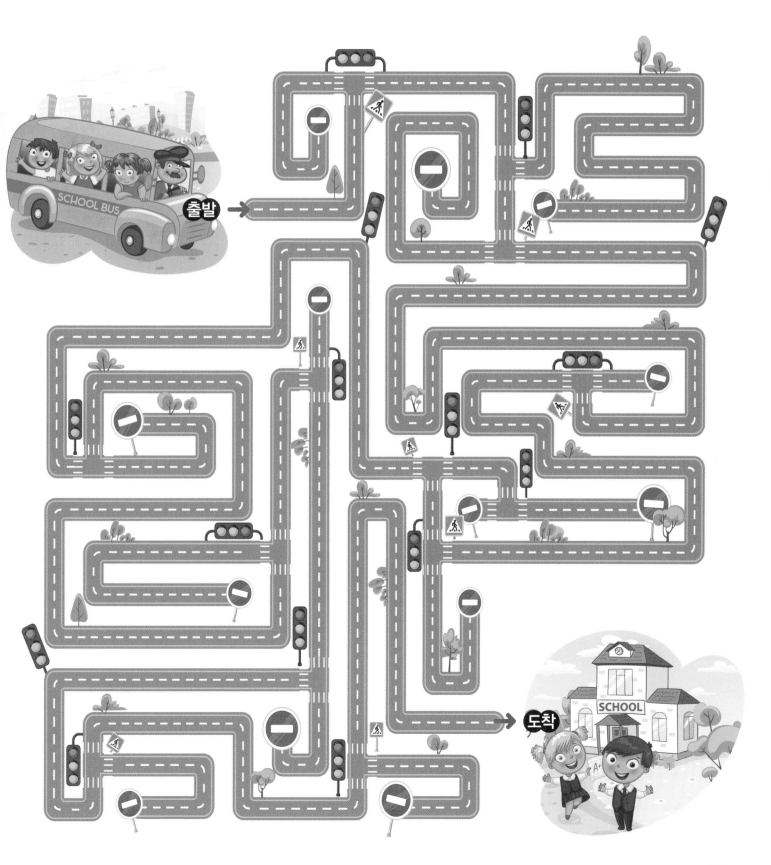

19

정글

친구들이 악어가 우글거리는 다리를 건너려고 해요.
어느 친구가 다리를 안전하게 건널 수 있을까요?

등대

친구들이 등대에 오르려고 해요.
어느 길로 가야 등대에 도착할 수 있을까요?

친구야 놀자

섬들이 다리로 연결되어 있어요.
친구에게 갈 수 있도록 안전한 다리를 찾아 주세요.

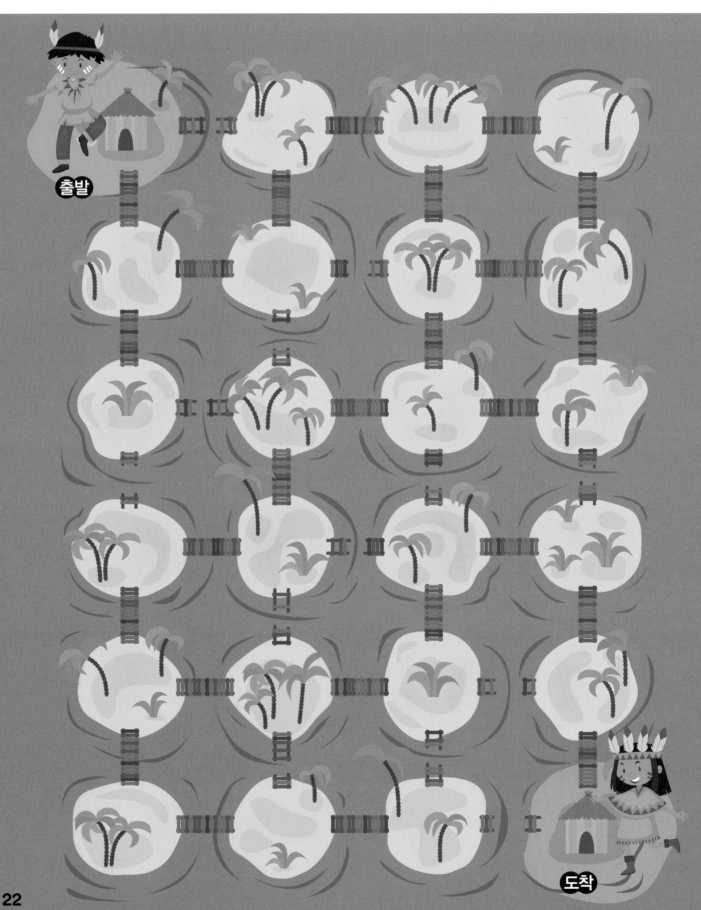

보물을 찾자

해적이 보물을 찾으려고 해요.
보물이 있는 곳까지 가는 길을 찾아 주세요.

번개 치는 하늘

커다란 구름에서 번개가 쳐요.
번개가 피뢰침에 닿을 수 있도록 길을 표시해 주세요.

24

잠자는 아기 요정

아기 요정이 달님을 베고 새근새근 잠을 자요.
잠에서 깼을 때 달나라를 헤매지 않게 길을 표시해 주세요.

자동차 경주

곰 두 마리가 자동차 경주를 해요.
어떤 곰이 이길까요?

자동차 사고

자동차 접촉 사고가 났어요.
견인차들이 사고가 난 곳에 빨리 갈 수 있도록 길을 알려 주세요.

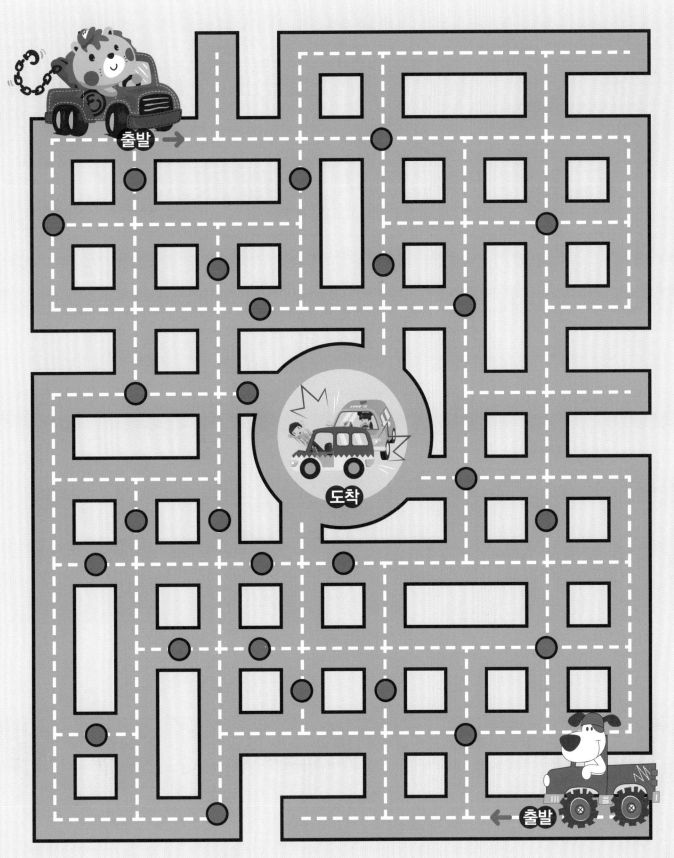

할아버지 찾아뵙기

동물들이 할아버지 댁에 놀러 가려고 해요.
어느 길로 가야 할까요? 길을 찾아 주세요.

집주인 찾기

숲속에 빨간색 지붕이 있는 집이 있어요.
누구의 집일까요? 집주인을 찾아보세요.

눈싸움

친구들이 눈싸움하고 있어요.
새가 그곳을 지나갈 수 있게 길을 찾아 주세요.

사랑스러운 새끼 곰

어미 곰과 새끼 곰이 하늘에서 내리는 눈을 보고 있어요.
그 눈송이가 만든 미로를 풀어 보세요.

출발

도착

먹이를 주러 가는 길

어미 새가 새끼를 위해 애벌레를 잡았어요.
배고픈 새끼에게 빨리 갈 수 있도록 길을 찾아 주세요.

서커스를 보러 가는 길

어릿광대가 관객을 모으고 있어요.
관객이 멋진 서커스를 볼 수 있게 길을 알려 주세요.

가을 열매

친구가 가을에 열리는 열매를 땄어요.
열매를 가지고 집으로 갈 수 있게 길을 찾아 주세요.

커다란 알

토끼가 커다란 알을 색칠하려고 해요.
커다란 알까지 갈 수 있게 길을 찾아 주세요.

크리스마스 선물

산타 할아버지가 아이에게 선물을 주려고 해요.
굴뚝 안을 헤매지 않도록 길을 찾아 주세요.

크리스마스트리

크리스마스트리에 별 장식을 달려고 해요.
크리스마스트리를 완성할 수 있게 길을 찾아 주세요.

기계 속을 통과해요

사슴벌레가 기계 사이를 지나가려고 해요.
기계 속에 갇히지 않도록 길을 찾아 주세요.

도둑을 잡아요

도둑이 물건을 훔쳐 도망가고 있어요.
경찰이 도둑을 잡을 수 있게 길을 알려 주세요.

반짝반짝 진주

인어 공주는 진주가 갖고 싶어요.
진주를 발견할 수 있게 길을 알려 주세요.

떴다 떴다 비행기

비행기가 공항에 착륙하려고 해요.
공항까지 안전하게 착륙할 수 있도록 길을 알려 주세요.

연못 위의 집으로 갈래요

개구리가 연못 한가운데에 있는 집으로 가려고 해요.
무사히 갈 수 있게 길을 찾아 주세요.

도착

출발

어미 공룡에게 갈래요

새끼 공룡 두 마리가 알에서 깨어났어요.
어미 공룡에게 갈 수 있도록 길을 찾아 주세요.

맛있는 체리 아이스크림

아이스크림 위에 체리가 있어요.
체리가 있는 곳까지 길을 찾아보세요.

바람 빠진 자전거

자전거에 바람을 넣고 있어요.
어느 길로 바람이 들어갈까요?

돌로 쌓은 길

돌을 쌓아 원 모양으로 만든 길이 있어요.
남매가 집에 쉽게 찾아갈 수 있게 길을 찾아 주세요.

바다로 가는 길

새끼 거북 세 마리가 바다로 가려고 해요.
어느 거북이 바다에 도착할 수 있을까요?

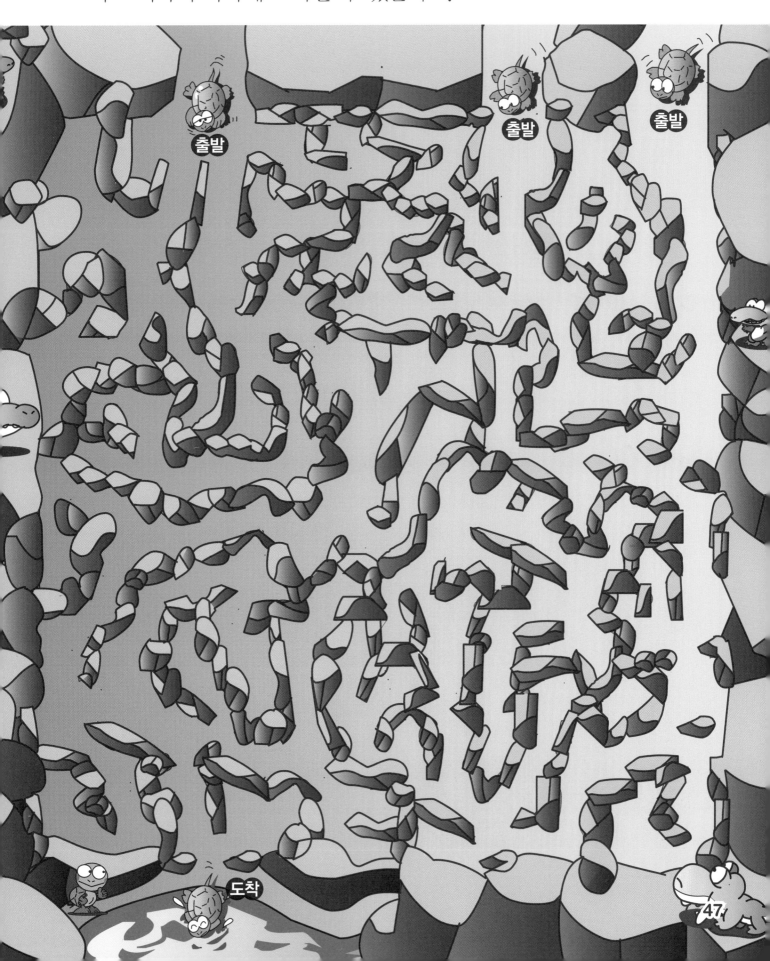

백설 공주와 일곱 난쟁이

일곱 난쟁이가 백설 공주에게 가려고 해요.
백설 공주와 일곱 난쟁이가 만날 수 있게 길을 찾아 주세요.

체리와 애벌레

체리에 애벌레 두 마리가 있어요.
두 애벌레가 만날 수 있게 길을 찾아 주세요.

핼러윈데이

마녀 복장을 한 여자아이가 사탕을 받으려고 해요.
사탕을 많이 받고 집으로 갈 수 있도록 길을 찾아 주세요.

도착

출발

핼러윈 파티

핼러윈 파티를 하는 마을에 유령이 나타났어요.
이곳을 빠져나올 수 있도록 길을 찾아 주세요.

다람쥐 집으로 가는 길

어미 다람쥐가 먹이를 구해 집으로 가려고 해요.
서둘러 갈 수 있게 길을 찾아 주세요.

성으로 가는 길

공주가 성으로 가려고 해요.
용과 만나지 않게 길을 찾아 주세요.

따끈따끈한 음식

주방에서 맛있는 요리가 막 나왔어요.
음식이 식기 전에 손님에게 대접할 수 있도록 길을 알려 주세요.

도착

출발

두근두근한 만남

고양이 커플이 하트가 있는 곳에서 만나기로 했어요.
서로 엇갈리지 않게 길을 찾아 주세요.

바닷속 고래

고래에 그려진 미로를 풀어 보세요.
입에서 출발하여 꼬리로 나오는 길을 찾아보세요.

어항 속 물고기

고양이는 물고기를 잡고 싶어요.
어항에서 출발하여 물고기에게 도착하는 미로를 풀어 보세요.

꿀꿀 돼지 자매

돼지 자매가 돼지 미로를 풀려고 해요.
엉덩이에서 출발하여 코로 갈 수 있도록 길을 찾아 주세요.

도착

출발

토끼와 마술사

마술사가 재미있는 마술을 할 거예요.
모자에서 토끼가 나오는 마술을 부려 보세요.

산 넘어 산

가족과 함께 산을 넘을 거예요.
어느 길로 가야 장애물을 피해 산을 넘어갈 수 있을까요?

애벌레의 집

애벌레가 집으로 가려고 해요.
잔디밭에서 헤매지 않게 길을 찾아 주세요.

오늘은 내가 축구왕

수비 선수들을 제치고 득점하려고 해요.
득점할 수 있는 길을 찾아 주세요.

내일은 나도 득점왕

다음 축구 경기에서는 많은 득점을 하고 싶어요.
공을 골대에 넣을 수 있는 길을 찾아 주세요.

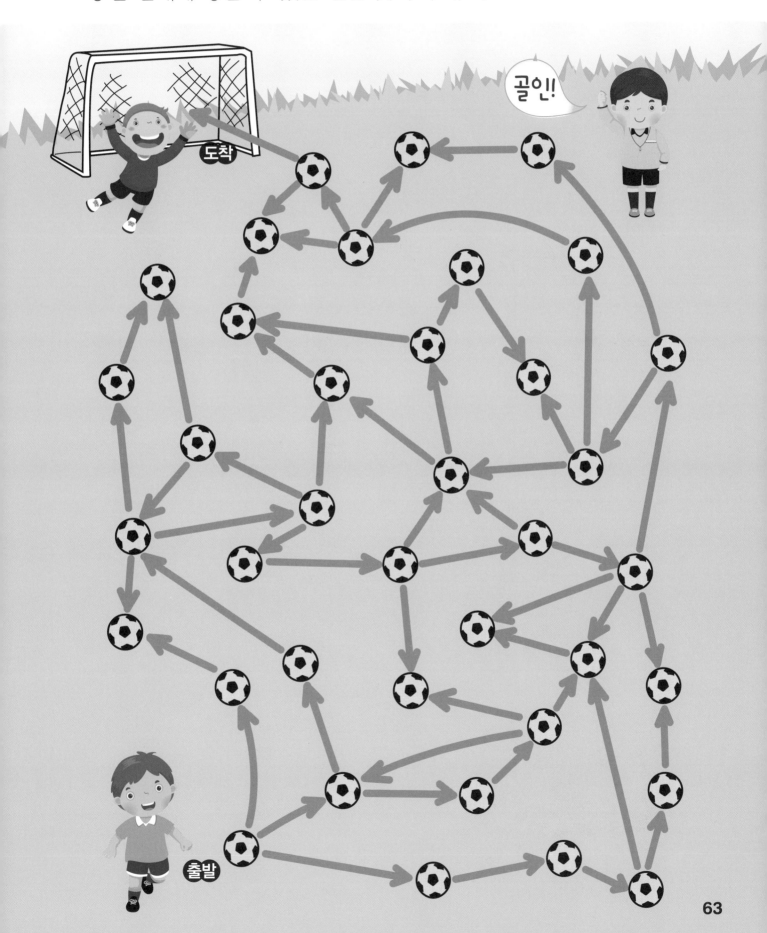

살기 좋은 집을 찾아요

곰은 마을 끝에서 조용히 살고 싶어요.
마을 끝에 있는 집으로 가는 길을 찾아 주세요.

도착

출발

주차장을 찾아요

이웃 마을에 왔는데 주위에 주차할 곳이 없어요.
자동차를 세울 수 있게 주차장까지 가는 길을 찾아 주세요.

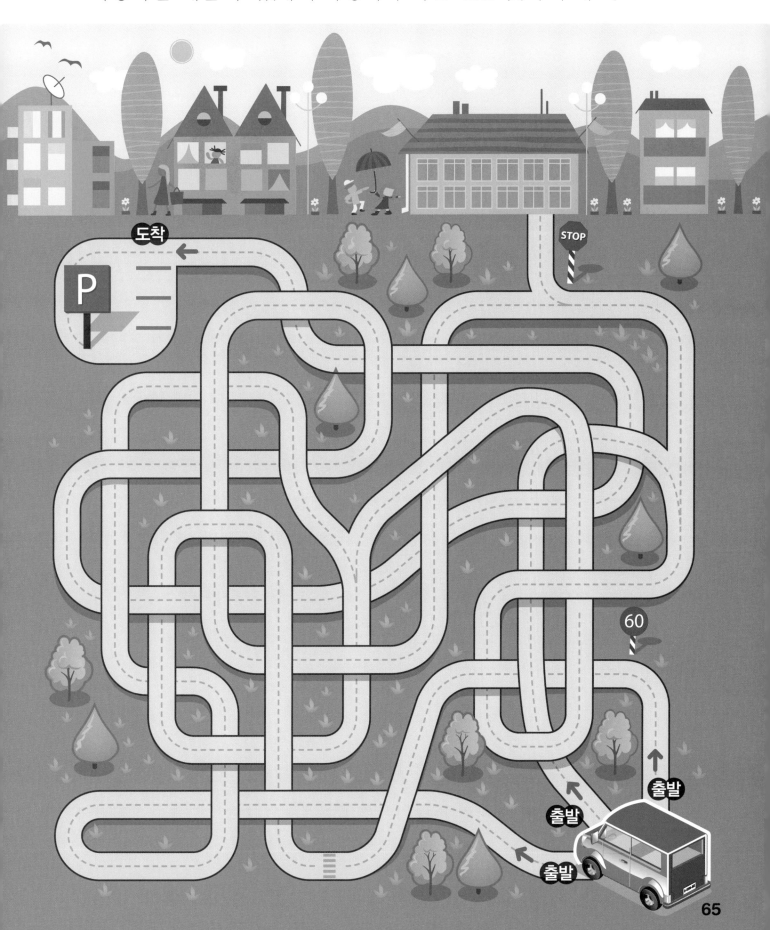

쥐는 치즈를 좋아해요

쥐는 치즈가 먹고 싶어요.
치즈를 먹기 위해서 어느 길로 가야 할까요?

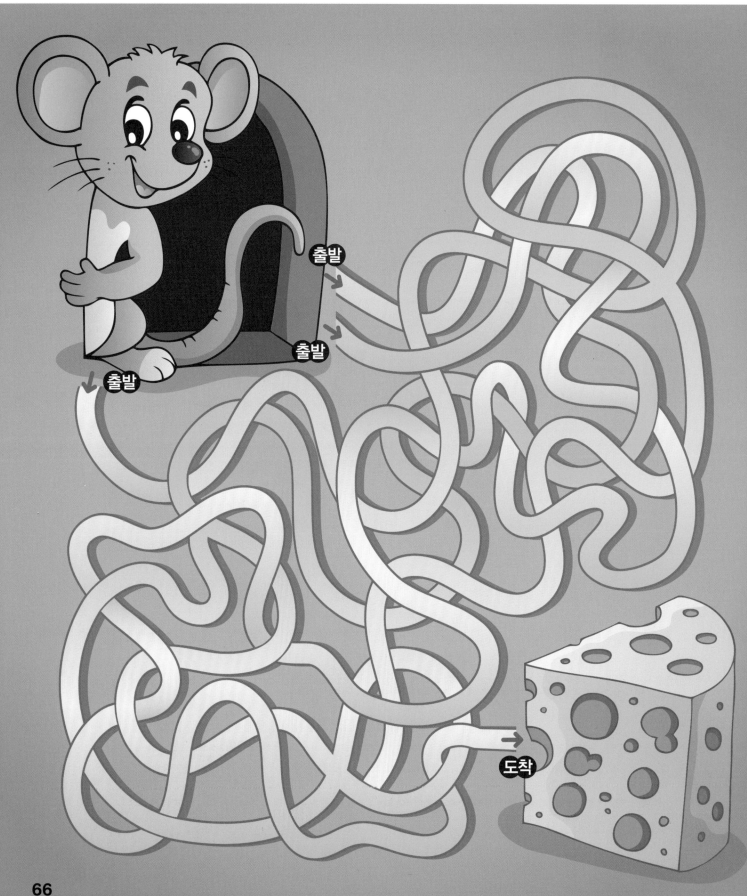

치즈를 가지고 집으로 가요

쥐 두 마리가 치즈를 잔뜩 들고 집으로 가려고 해요.
사람에게 들키기 전에 집으로 갈 수 있게 길을 찾아 주세요.

보라색 공주

파란색 왕자가 보라색 공주에게 꽃다발을 주려고 해요.
꽃이 시들기 전에 만날 수 있게 길을 찾아 주세요.

도착

출발

무당벌레 친구

무당벌레가 친구를 만나려고 해요.
다음과 같은 규칙으로 통과해야 친구를 만날 수 있답니다.

69

치즈가 좋아요

쥐돌이는 배가 고파요.
어느 길로 가야 치즈가 있는 길로 갈 수 있을까요?

놀이가 좋아요

친구들이 다양한 놀이를 하고 있어요.
친구들과 어울릴 수 있게 길을 찾아 주세요.

스키 시합

곰 두 마리가 스키 시합을 벌일 거예요.
어느 곰이 먼저 집에 도착할까요?

출발 →

← 출발

도착 ←

72

썰매 경주

아이들이 썰매 경주를 벌일 거예요.
누가 이길까요?

사과가 먹고 싶어요

애벌레는 사과가 먹고 싶어요.
어느 길로 가야 사과를 먹을 수 있을까요?

74

잠자고 싶어요

애벌레의 침실은 모과 속에 있어요.
애벌레가 잠잘 수 있게 침실까지 가는 길을 찾아 주세요.

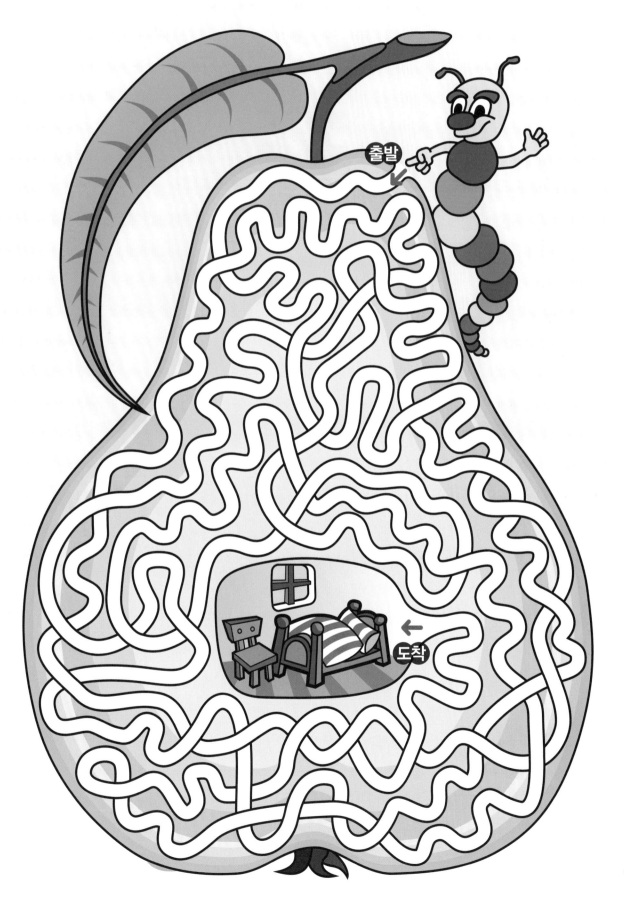

즐거운 오후

산책을 나온 개가 아이와 떨어졌어요.
아이와 개가 만날 수 있게 길을 찾아 주세요.

토끼의 생일잔치

토끼 자매가 친구 생일잔치에 늦었어요.
빨리 갈 수 있도록 길을 찾아 주세요.

토끼와 달걀

토끼가 땅속에 묻힌 달걀을 꺼내려고 해요.
어느 길로 가야 달걀을 꺼낼 수 있을까요?

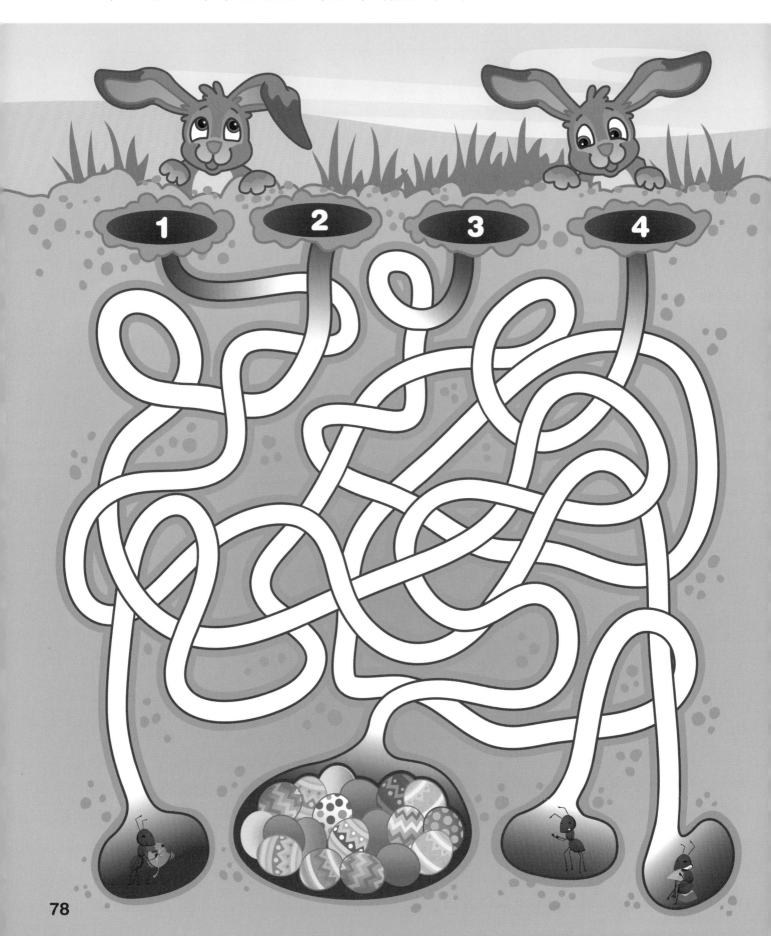

두더지의 외출

잠에서 깬 두더지가 채소를 먹고 차를 마시고 샤워한 후
외출할 거예요. 차례대로 잘 할 수 있게 길을 찾아 주세요.

다리가 부러졌어요

친구가 깁스하고 병원에 누워 있어요.
병문안할 수 있게 길을 찾아 주세요.

꿀을 모아요

꿀을 가득 모아 벌통에 들어가려고 해요.
벌통으로 가는 가까운 길을 찾아보세요.

성으로 가요

꽃다발을 받은 공주가 성으로 되돌아가려고 해요.
혼자서도 성을 찾아갈 수 있게 길을 알려 주세요.

도착

출발 →

보물 상자를 찾으러 가요

지하에 보물 상자가 있어요.
어느 길로 가야 보물 상자를 손에 넣을 수 있을까요?

출발

도착

목장으로 가는 길

친구들이 목장으로 가려고 해요.
어느 친구가 목장에 도착할 수 있을까요?

친구에게 가는 길

길에 천사와 악마가 있어요.
악마를 만나지 않고 친구에게 가는 길을 찾아 주세요.

탈출

범인이 교도소를 탈출했어요.
경찰이 범인을 잡을 수 있게 길을 찾아 주세요.

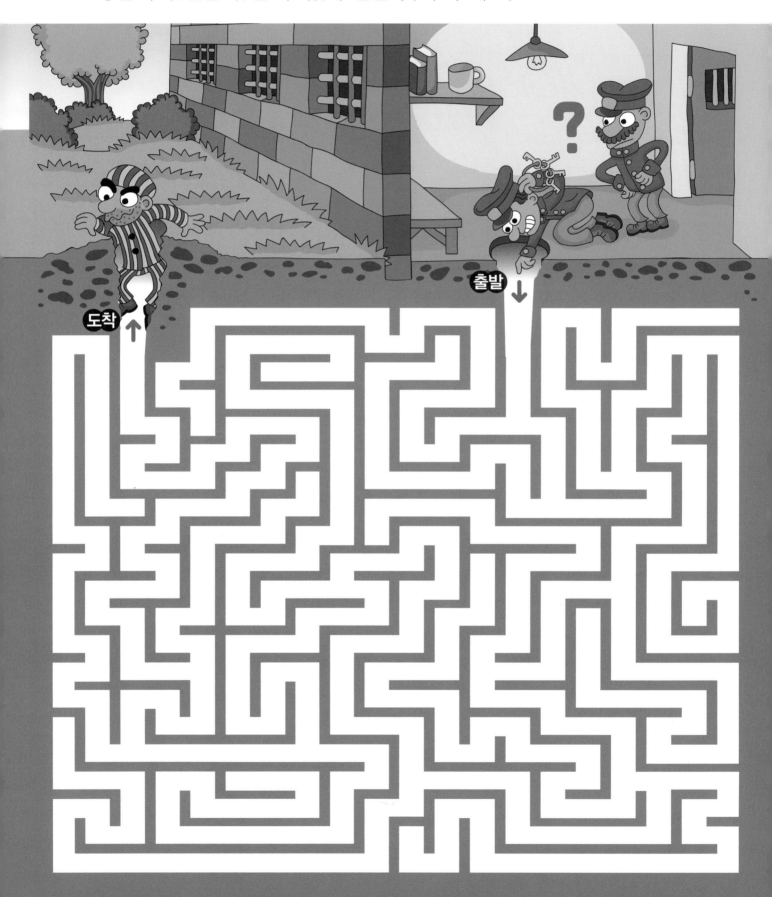

구출

공주가 지하에 갇혀 있어요.
기사가 공주를 안전하게 구할 수 있게 길을 찾아 주세요.

출발 →

← 도착

보물섬으로 가는 길

해적선이 오랜 항해 끝에 보물섬을 발견했어요.
바다 괴물을 피해 가려면 어느 길로 가야 할까요?

부두로 가는 길

물고기를 가득 잡은 배가 부두로 돌아가려고 해요.
바다 공룡을 피해 가려면 어느 길로 가야 할까요?

골을 넣어요

10번 선수가 골대에 골을 넣었어요.
어느 길로 가서 골을 넣었을까요?

과녁을 맞혀요

친구들이 활을 쏘아 모두 과녁에 맞혔어요.
과녁 한가운데를 맞힌 친구를 찾아보세요.

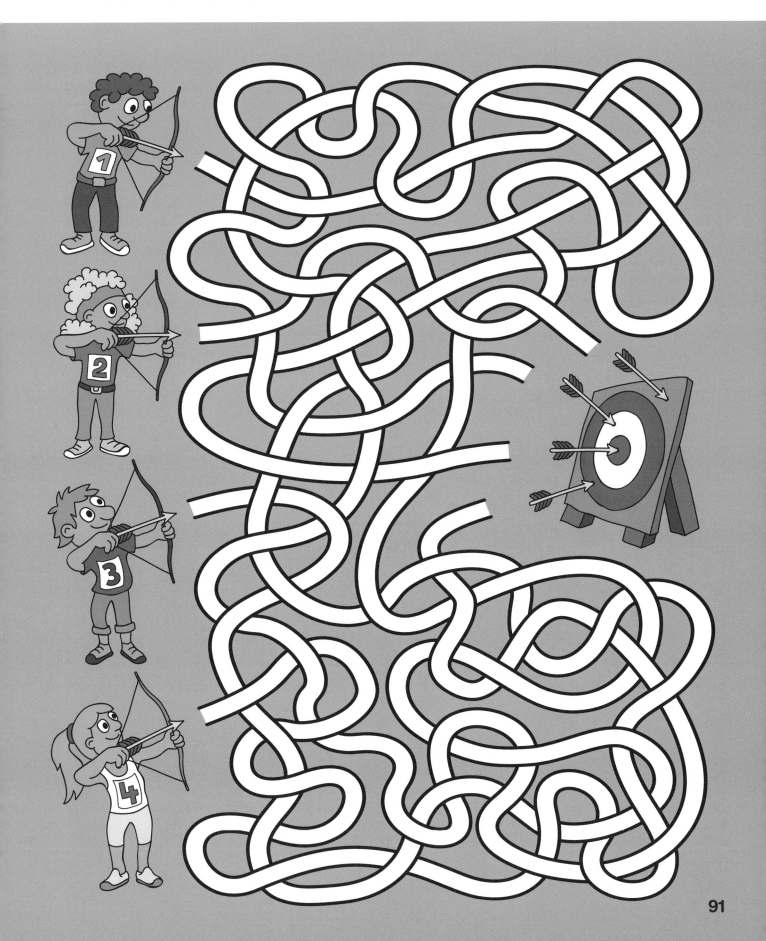

할머니 댁으로 가는 길

할머니에게 초대를 받았어요.
늑대를 피할 수 있는 길을 찾아 주세요.

마을로 가는 길

친구들이 마귀할멈이 있는 곳을 피해 마을로 가려고 해요.
안전한 길을 찾아 주세요.

93

영웅 커플의 데이트

슈퍼맨 옷을 입은 친구가 여자 친구에게 가려고 해요.
영웅 커플이 만날 수 있게 길을 찾아 주세요.

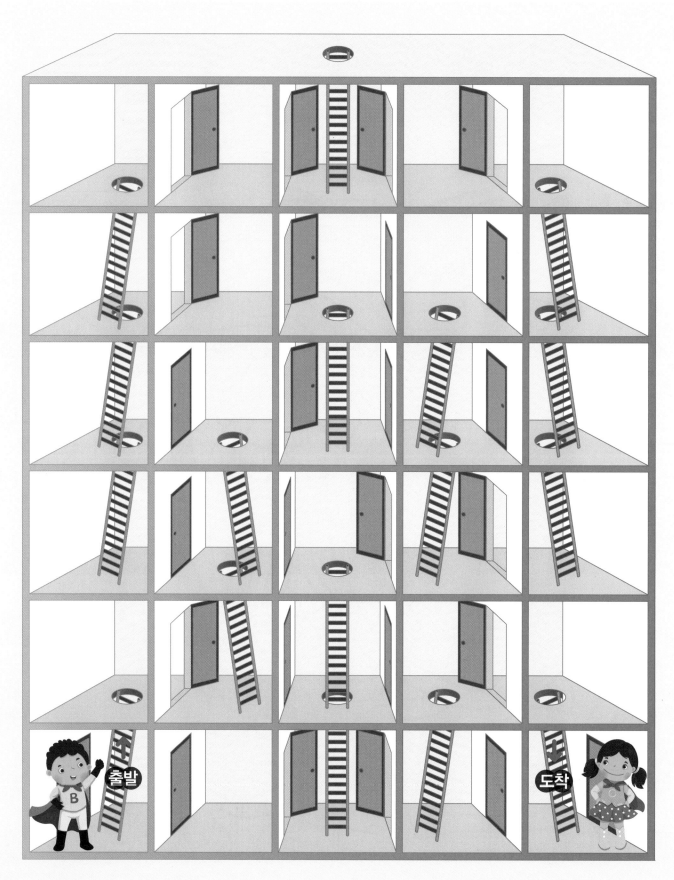

곰 커플의 데이트

곰돌이는 곰순이가 있는 곳으로 가려고 해요.
곰 커플이 함께 커피를 마실 수 있도록 길을 찾아 주세요.

유령의 집

유령이 유령의 성으로 가려고 해요.
산속을 헤매지 않게 길을 찾아 주세요.

유령들의 모임

유령들이 한곳에서 모이기로 했어요.
애꾸눈 유령이 약속 장소로 갈 수 있게 길을 찾아 주세요.

도착

출발

출발

배를 타요

자동차 네 대가 배를 타려고 해요.
어느 길로 간 자동차가 배를 탈 수 있을까요?

닻을 내려요

배를 한곳에 멈추어 있게 하려고 닻을 내렸어요.
어느 배의 닻인지 찾아보세요.

늪을 통과해요

아이들이 늪을 지나가려고 해요.
어떤 아이가 늪을 통과할 수 있을까요?

물에 빠졌어요

배 세 척이 물에 빠진 아이를 구하러 가요.
아이가 있는 곳으로 갈 수 있는 배는 어느 것일까요?

오염된 물

한 공장이 몰래 강에 오염된 물을 버렸어요.
어느 공장인지 찾아 주세요.

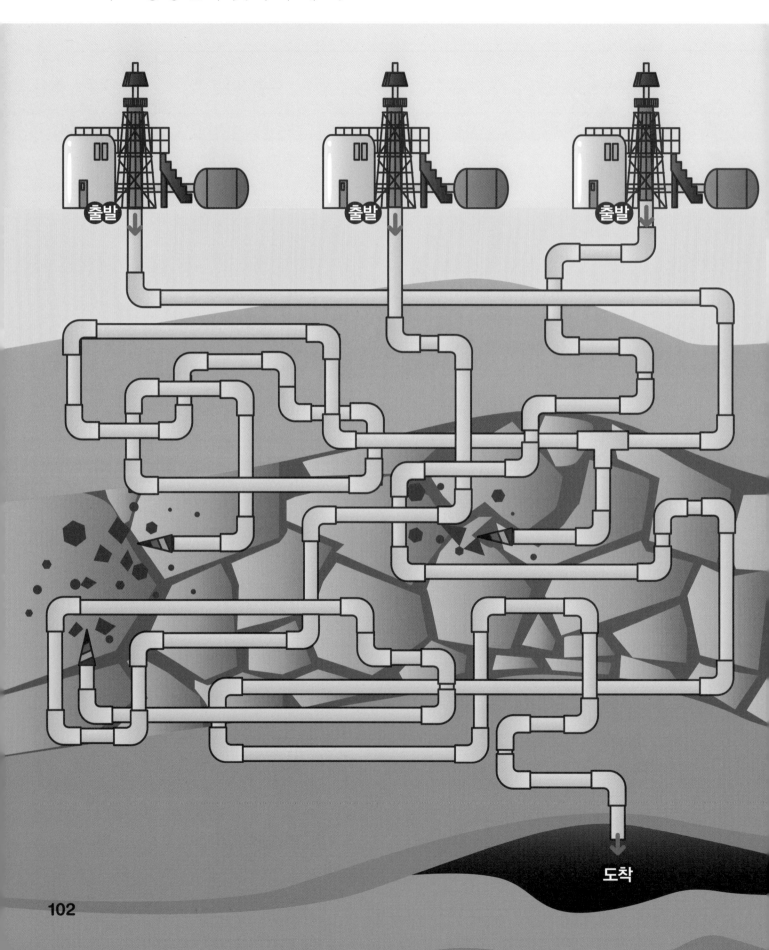

반짝거리는 보석

동물들이 보석이 있는 곳으로 가려고 해요.
어느 길로 가야 하는지 길을 알려 주세요.

펭귄의 선물

크리스마스트리 아래에는 선물이 있어요.
펭귄 친구들이 선물을 받을 수 있게 길을 찾아 주세요.

펭귄의 저녁 식사

펭귄 가족의 식사 시간이에요.
새끼 펭귄들이 식사할 수 있게 길을 찾아 주세요.

색연필 집을 찾아요

파란색 색연필이 집으로 가려고 해요.
길을 따라가면서 집을 찾아보세요.

도착

출발 →

실타래를 찾아요

할머니께서 뜨개질하고 계세요.
뜨개질과 연결된 실타래를 찾아 주세요.

구해 주세요

배에 구멍이 나서 배가 바다에 가라앉았어요.
상어를 피해 안전하게 섬으로 갈 수 있게 길을 찾아 주세요.

지켜 주세요

성을 지키기 위해 무사들을 불렀어요.
어느 무사가 성을 지킬 수 있을까요?

샛길을 피해요

산타 할아버지가 선물을 주러 가요.
크리스마스트리로 가는 길을 찾아 주세요.

산짐승을 조심해요

산에 곰과 멧돼지가 있어요.
집으로 가는 안전한 길을 찾아 주세요.

출발　출발　출발

도착

우주선으로 돌아가기

행성 탐사를 끝내고 우주선으로 돌아가려고 해요.
어느 길로 가야 우주선에 도착할 수 있을까요?

지구로 돌아가기

행성 탐사를 마친 우주선이 지구로 돌아가려고 해요.
우주선이 무사히 돌아갈 수 있도록 길을 찾아 주세요.

새끼 곰의 선물

산타 할아버지가 새끼 곰에게 가려고 해요.
어느 길로 가야할까요? 길을 찾아 주세요.

원숭이들의 크리스마스

원숭이 네 마리가 크리스마스트리를 꾸미려고 해요.
각자 방울을 달 수 있도록 길을 찾아 주세요.

토끼가 열기구를 타요

열기구를 탄 토끼가 땅으로 줄을 던졌어요.
토끼가 던진 줄을 잡고 있는 동물을 찾아보세요.

펭귄이 낚시해요

펭귄이 낚시하고 있어요.
물고기가 걸린 낚싯줄은 어느 것일까요?

공주를 구출해요

공주가 나쁜 마법사에게 잡혀 있어요.
공주를 구할 수 있도록 길을 찾아 주세요.

벽돌을 쌓아요

벽돌을 쌓아 건물을 짓고 있어요.
빨리 완성할 수 있도록 길을 찾아 주세요.

공룡 가족

새끼 공룡이 어미 공룡에게로 가려고 해요.
어느 길로 가야 어미 공룡에게 갈 수 있을까요?

고래 가족

새끼 고래가 어미 고래에게로 가려고 해요.
어느 길로 가야 어미 고래에게 갈 수 있을까요?

놀이기구를 타요

온 가족이 놀이공원에 가려고 해요.
놀이공원에 가려면 어느 길로 가야 할까요?

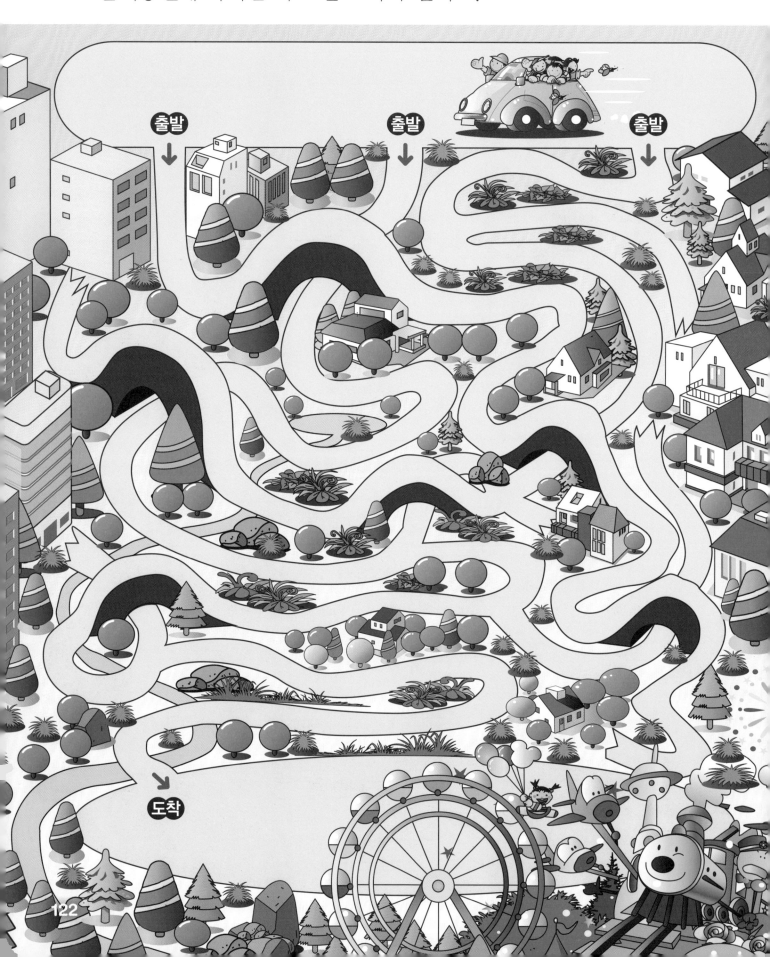

악기를 연주해요

친구들이 여러 악기를 연주하고 있어요.
아래에 있는 친구들과 만날 수 있는 친구를 찾아보세요.

우주선으로 가요

우주인이 화성 탐험을 끝냈어요.
우주선으로 되돌아갈 수 있게 길을 찾아 주세요.

집으로 가요

친구네 집은 복잡한 아파트예요.
친구가 무사히 집에 도착할 수 있도록 길을 찾아 주세요.

미로 찾기
플러스
정답

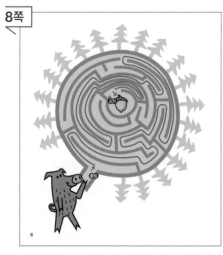

8쪽

9쪽

10쪽

답은 여러 가지입니다.

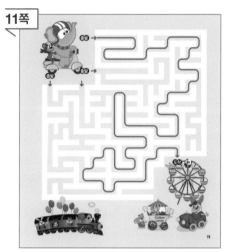

11쪽

12쪽

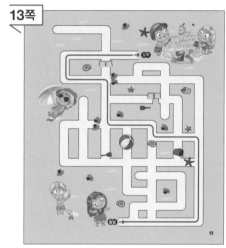

13쪽

14쪽

15쪽

16쪽

17쪽

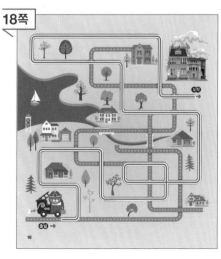

18쪽

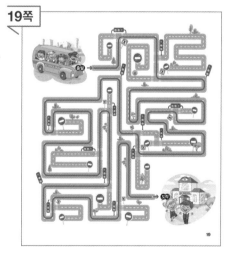

19쪽

20쪽

21쪽

22쪽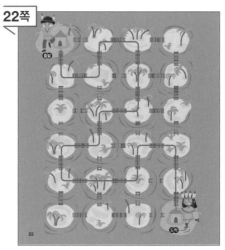

23쪽

24쪽

25쪽

26쪽

27쪽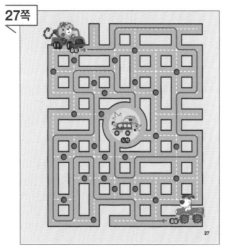

28쪽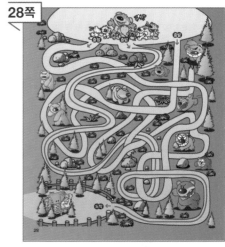

29쪽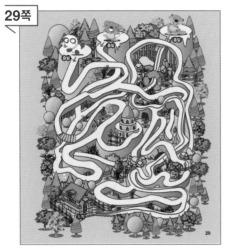

30쪽

31쪽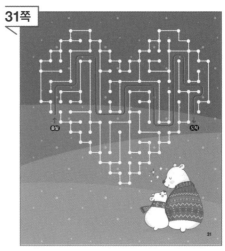

32쪽

33쪽

34쪽

35쪽

36쪽

37쪽

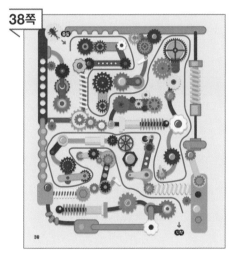

38쪽

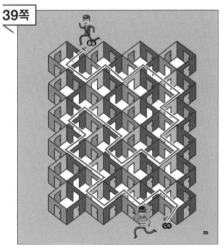

39쪽

40쪽

41쪽

42쪽

43쪽

답은 여러 가지입니다.

129

44쪽

45쪽

46쪽

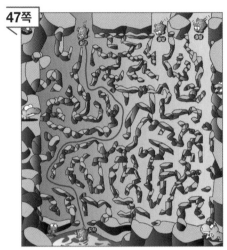

47쪽

48쪽

49쪽

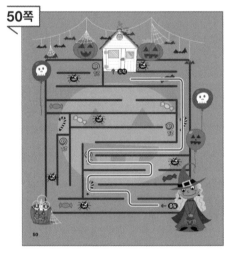

50쪽

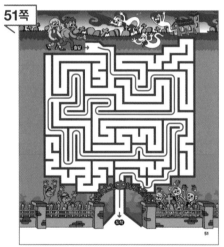

51쪽

52쪽

53쪽

54쪽

55쪽

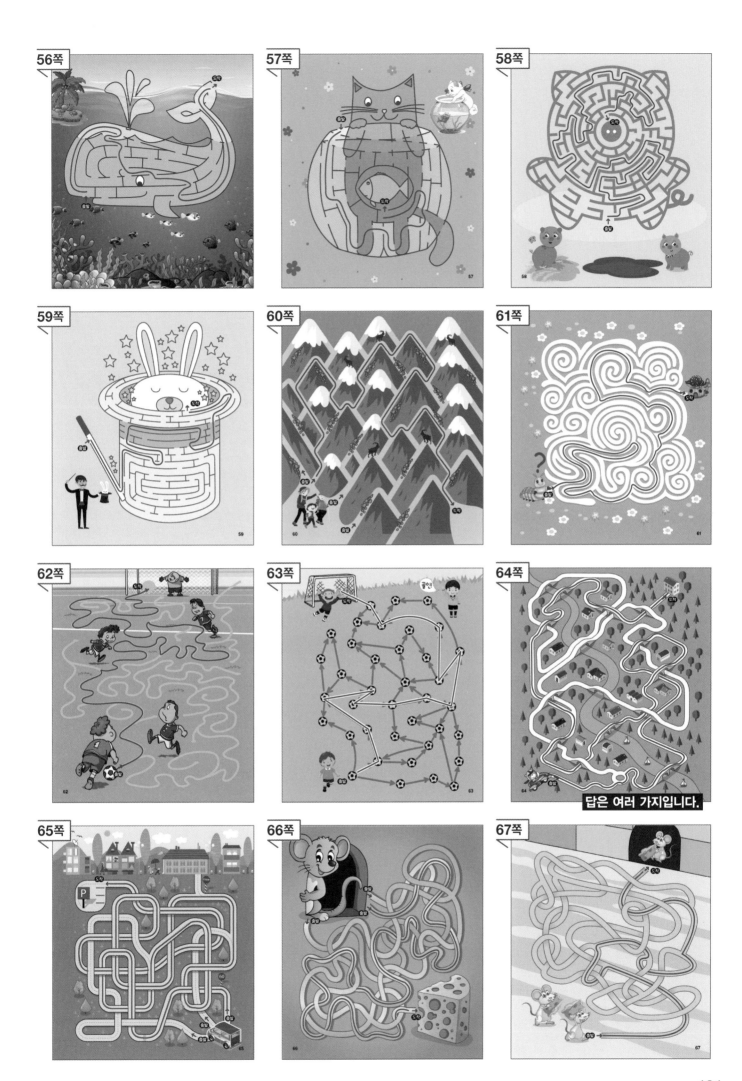

답은 여러 가지입니다.

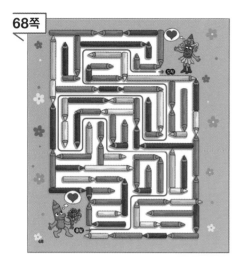

68쪽

69쪽

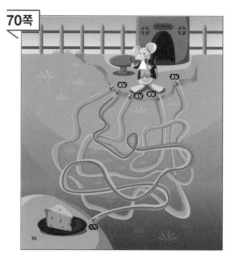

70쪽

71쪽

72쪽

73쪽

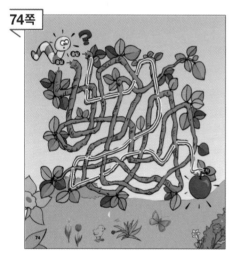

74쪽

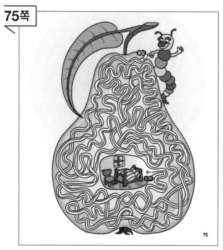

75쪽

76쪽

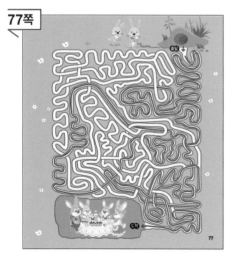

77쪽

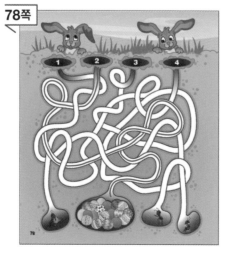

78쪽

79쪽

답은 여러 가지입니다.

80쪽

81쪽

82쪽

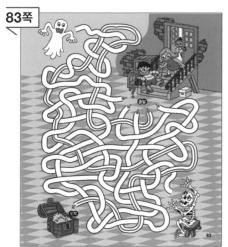

83쪽

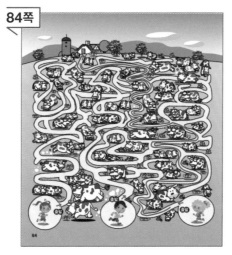

84쪽

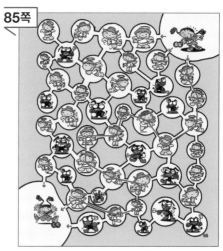

85쪽

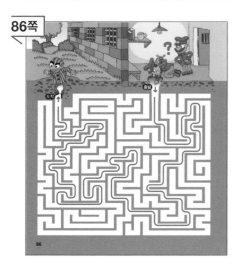

86쪽

87쪽

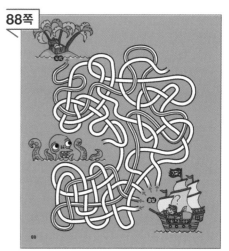

88쪽

89쪽

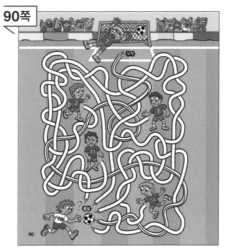

90쪽

91쪽

92쪽

93쪽

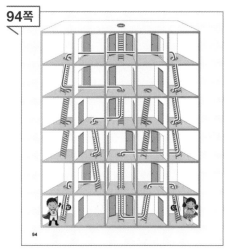

94쪽

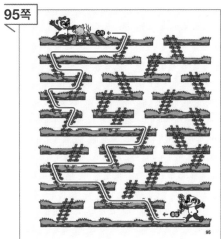

95쪽

96쪽

97쪽

98쪽

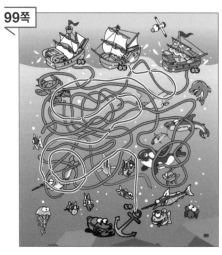

99쪽

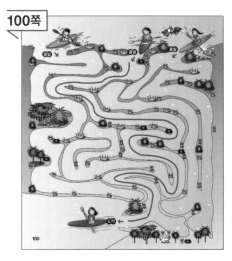

100쪽

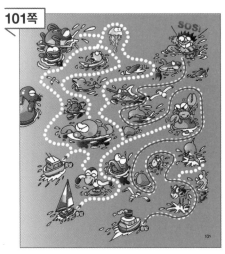

101쪽

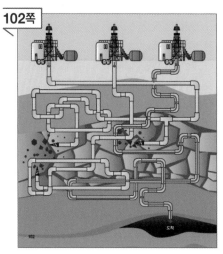

102쪽

103쪽

104쪽

105쪽

106쪽

107쪽

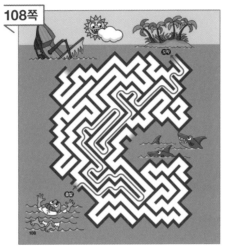

108쪽

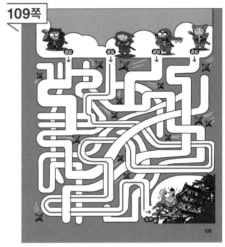

109쪽

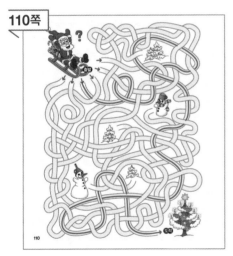

110쪽

111쪽

112쪽

113쪽

114쪽

115쪽

116쪽

117쪽

118쪽

119쪽

120쪽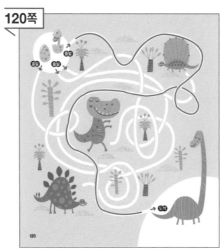

121쪽

122쪽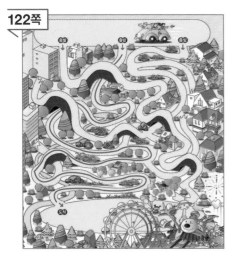

123쪽

답은 여러 가지입니다.

124쪽

125쪽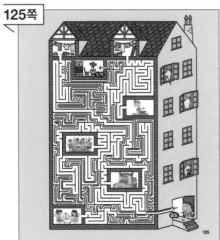